吉图字：07-2016-4657

图书在版编目(CIP)数据

最棒的蔬菜 / (韩) 金成恩著；林春颖译. — 长春:长春出版社, 2011.1(2023.8 重印)
(数学绘本)
ISBN 978-7-5445-1498-9

Ⅰ.①最… Ⅱ.①金… ②林… Ⅲ.①数学-儿童读物 Ⅳ.①O1-49

中国版本图书馆 CIP 数据核字(2010)第 209616 号

最棒的蔬菜

著　　者：金成恩　　绘　　画：朴知勳
翻　　译：林春颖　　审　　定：柏秀泽
责任编辑：张　岚　　封面设计：纸飞机工作室

出版发行：長春出版社
总编室电话：0431-88563443
发行部电话：0431-88561180
地　　址：吉林省长春市长春大街 309 号
邮　　编：130041
网　　址：www.cccbs.net
制　　版：长春大图视听文化艺术传播有限责任公司
印　　刷：长春天行健印刷有限公司
经　　销：新华书店

开　　本：787 毫米×1092 毫米　1/12
字　　数：3 千字
印　　张：3
版　　次：2011 年 1 月第 2 版
印　　次：2023 年 8 月第 15 次印刷
定　　价：19.80 元
如有图书质量问题,请联系印厂调换　联系电话:0431-84485611

最棒的蔬菜

[韩] 金成恩　著
[韩] 朴知勳　绘
林春颖　译

長春出版社
国家一级出版社
全国百佳图书出版单位

建今天又在餐桌上使性子。

“没有我能吃的！”“怎么会没有？这么多小菜呢。”

“这不都是蔬菜嘛。

真不知道黄瓜有什么好吃的。

这个里边还有胡萝卜，我最讨厌吃泡菜了……”

“建一点蔬菜都不吃可不行啊。没有什么好办法吗？”妈妈很担心偏食的建。话音刚落，爸爸像下决心似的，用力地说：“对！试试这个办法吧！”

第二天，爸爸买回来一本书。“建，爸爸想种蔬菜，你能帮爸爸吗？”“哎呀，为什么偏要种我最不爱吃的蔬菜呀？”“不过呢，如果你帮爸爸的话，爸爸就不强迫你吃蔬菜。”“真的？好啊，那我帮你。”

爸爸准备好书上要求的工具。

“爸爸，这是什么？”

“这是测量长度的卷尺。

书上说这是第一次干农活的人必备的工具。

来，咱们一点一点开始吧。”

爸爸领建去花苑买农家肥。

“给我称 15 千克的农家肥。”

“这是 10 千克，再添 5 千克就行了。”

卖肥的叔叔让建继续添肥。

11、12、13、14、15!

终于到 15 千克了。

题目：买肥那天——用秤测量

秤是测量重量的工具。用它能称出物体的重量是多少。秤能称出无论多轻或是多重的物体。

读重量的方法

把物体放在秤上，数字不再变化后读出数字。出现的数字是 1，读作 1 千克（kg），是 3 的话读作 3 千克（kg）。比千克轻的单位是克（g）。

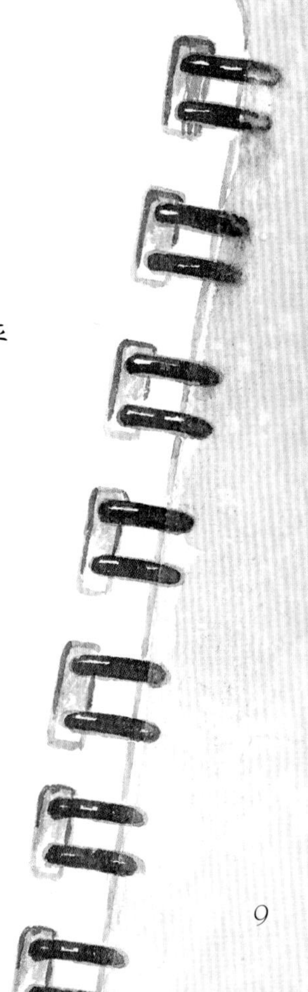

蔬菜地是建家旁边的小空地！

爸爸翻土，砸碎，建挑出小石子，然后均匀地施肥。

爸爸和建的额头流汗了。

“啊呀，真累。早知道这样就不说帮爸爸忙了。”

建和爸爸拿出卷尺测量菜地周长，并在需要标记的地方做标记。

然后，把小石子连起来做成栅栏。

做横长400厘米，
竖长400厘米的庭院式菜地栅栏。

题目：翻地那天——用尺测量

今天平整菜地时用到了尺。尺是测量长度的工具。长度是从物体的一端到另一端的距离。尺上标示着固定大小的刻度。刻度从0开始，依次写着1，2，3……的数字。

读值方法

把物体的一端对准0刻度，读出另一端对准的刻度的数字。数字是10，读作10厘米（cm），数字是30，读作30厘米（cm）。

建跟爸爸播种。按书上的指导一步步地做，所以不怎么难。爸爸砌好田埂，建测量宽度，爸爸挖好垄沟，建测量垄沟的间距。当然，播种的间距也要逐个测量。

在黄瓜秧的盘子里，每隔 2 厘米挖一条垄沟，
每隔 1 厘米播撒黄瓜种子。然后撒土，再盖上报纸，浇水。

种生菜时，隔 15 厘米画一条线，生菜籽的间距为 1 厘米。

种胡萝卜时，做 10 厘米左右的垄沟，
种子间距 1 厘米。

种土豆时，每隔 60 厘米挖一条垄沟，
土豆种的间距为 30 厘米，然后盖土。

那天晚上，爸爸把黄瓜秧盘子搬进家里，说：“嗯，书上说秧盘子要放在温暖的地方。”爸爸把秧盘子放在阳台上，拿来温度计。“建，这条红线上升到哪个数字了？”“到22了。”

秧盘子的温度达到 20 摄氏度，置于温和的光线下才会发芽。

题目：播种那天——用温度计测量

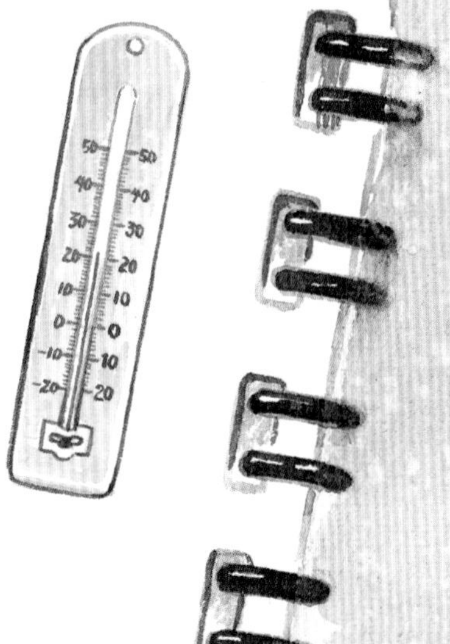

播种后要观察温度。温度计是测量温度的工具。它能量出物体有多热，多冷。温度计还能测量空气和水的温度，以及我们的体温。

读值方法

这是液体温度计。红线缓慢上升，停下时的数字是测量得到的温度。数字是10，读作10摄氏度（℃），数字是20，读作20摄氏度（℃）。

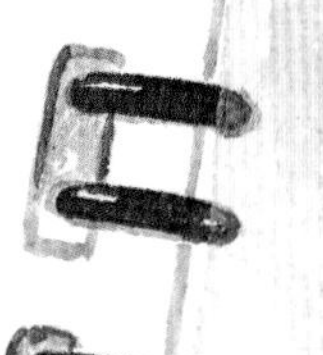

播种下去 10 天左右，一场小雨后，黄瓜秧盘子里终于露出嫩绿色的小芽。

“啊，真可爱！这个真的是我种的吗？”

长叶

1、2、3……长出了本叶。为了不让生菜、胡萝卜的叶子挨得太近，拔掉了多余的叶子和刚刚长出的杂草。

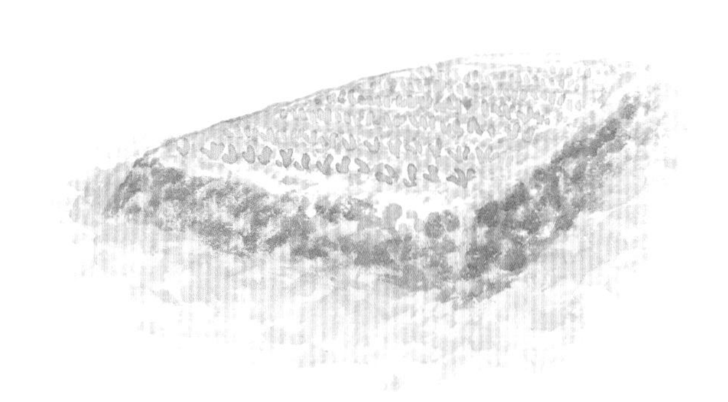

将黄瓜移栽到小花盆里

秧盘子里的黄瓜一长出本叶就将黄瓜秧移栽到小花盆里，每棵秧一个花盆。

将黄瓜移栽到蔬菜地里

一天天变暖，叶子也长大了，最终把黄瓜移栽到蔬菜地里了。移栽到蔬菜地里的黄瓜秧的间距是20厘米。

叶子一天天长大，枝条也渐渐伸长。

建在期待结出果实的那一天，

他每天都浇水，除草，修剪枝条，

还抓吃叶子的虫子。

细长的黄瓜，

胖胖的胡萝卜，

圆圆的土豆，

宽宽的生菜叶。

篮子里装满了建和爸爸种植的蔬菜。

“蔬菜长得真健康！”

“建，我们选出最棒的蔬菜怎么样？”

“哇，肯定有意思。我来量。”

最长的黄瓜是最棒的。

比比看，比比看。比比长度看一看。

“哇，最长的黄瓜 22 厘米！”

周长最长的胡萝卜是最棒的。

量一量，看一看，量量周长看一看。

“最棒的胡萝卜周长 20 厘米。”

拿出家里的各种标准化测量工具，像建那样，量一量蔬菜、水果的长度和重量。试着说出准确的测量单位。

最重的土豆是最棒的。

量一量，看一看，测量重量看一看。

“最棒的土豆重 400 克。”

叶子最宽的生菜是最棒的生菜。量一量，看一看，测量横宽和竖长。“哇，最棒的生菜宽13 厘米，长 21 厘米。”

今天的晚饭用最棒的蔬菜做最棒的菜肴。

嚓嚓嚓，切完了；嘟嘟嘟，煮熟了，最棒的菜肴完成啦！

满桌子都是“最棒的菜肴”。“建说他不吃蔬菜是吧？”

爸爸跟妈妈使一下眼色，把火腿和鱼干放在建的面前。

“不嘛，我要吃‘最棒的菜肴’”。

建急忙把生菜塞进嘴里。“嘿嘿，这不是我种的蔬菜嘛。

嗯，真好吃！”

用标准化的工具测量

标准化工具能测量事物的不同属性，比如长度、体积、重量、温度等。由于每种属性的测量单位各不相同。所以学前阶段准确理解标准化测量是很难的。不过，可以让孩子在学前阶段认识一下各种测量工具，并诱导他们对测量产生兴趣。

孩子们可能已经对测量身高和体重时使用的单位——厘米（cm）、千克（kg）等比较熟悉。也许他们在饮料和牛奶包装袋上见过毫升（ml）这个单位，但如果不实际测量的话，理解起来也会有难度。家长跟孩子一起把酸奶或牛奶倒在毫升（ml）量杯里喝，就可以帮助理解毫升这个单位了。可以经常使用这种方式帮助孩子熟悉新单位。

认识我们常用的测量工具

游戏目标　体验各种测量单位
游戏道具　白纸，铅笔，卷尺或 30 厘米（cm）的直尺，秤，家人的鞋子

1 先给孩子介绍卷尺和秤的使用方法、读值方法和单位。

2 领孩子走到鞋柜前，用卷尺量鞋柜的长，宽和高度，将数值记到纸上。

3 拿出鞋柜里的运动鞋，皮鞋，靴子和凉鞋，分别量它们的长度。

4 在纸上写妈妈、爸爸和孩子，再写上各自鞋的名字和长度。看看最长的和最短的各多少厘米（**cm**）。

5 量完长度，称每只鞋的重量，记下重多少千克（**kg**），看看哪只鞋最重，哪只最轻。

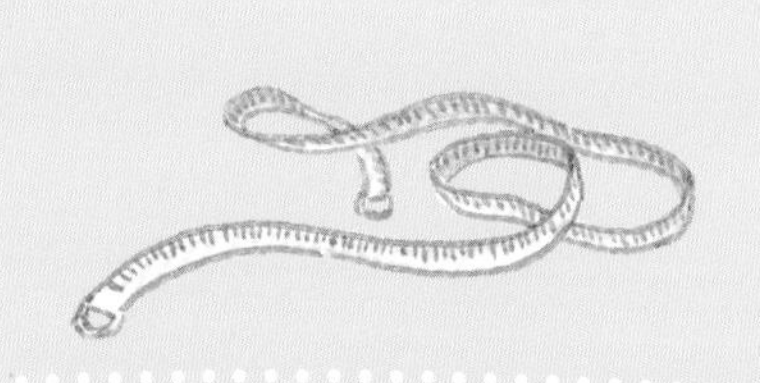

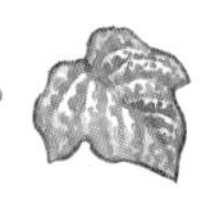

用什么量呢？

认识我们常用的测量工具。

 感冒了

全身热辣辣的。用体温计可以量出体温到底有多高。

高烧38度以上的话要喝退烧药。

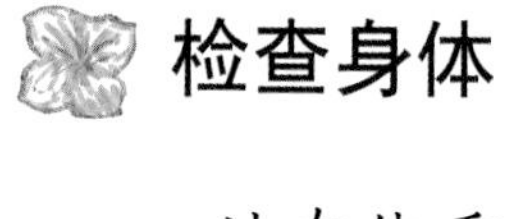 检查身体

站在体重秤上可以知道自己有多重。

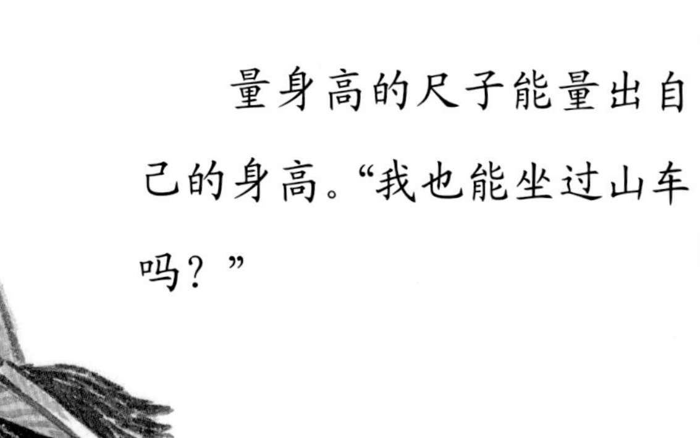

量身高的尺子能量出自己的身高。“我也能坐过山车吗？”

做菜

500 毫升（ml）的水里加 200 毫升(ml)的酱油调制。

用量杯可以量出水和酱油的体积。

准备 600 克（g）猪肉。

用秤称出猪肉的重量。

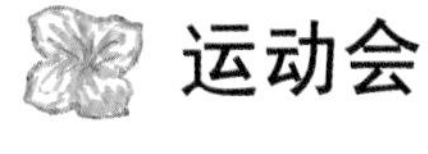

运动会

“1、2、3、呀！”

跳远。

用卷尺量跳了多远。

“准备，呼！”

赛跑。

用秒表测出跑得有多快。